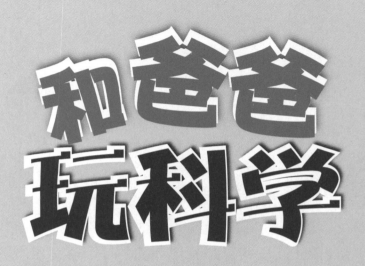

和爸爸玩科学

华顺发　著

少年儿童出版社

科学对孩子而言可能有点晦涩难懂，
科学对爸爸而言可能有点难以教授。

我们想让孩子明白科学是看得懂的，是非常有意思的，
让孩子爱上科学，发自内心地想去了解，这可能吗？

**本书配备了让孩子爱上科学，
学会自发探索的方法。**

★我们提炼书中的核心知识，传授探究思路，用简明易懂的话语来讲述科普知识，帮助孩子轻量化积累。

★我们希望孩子与爸爸之间的话题，不仅仅是今天学习了什么，作业完成了没有，还有日常生活中发现的无数个为什么原来是这样的。

微信扫码
获取本书配套服务

目 录

迷你潜水艇

材料和工具

- 圆珠笔笔盖
- 一杯水
- 橡皮泥
- 2000毫升的饮料瓶

小 贴 士

★ 如果笔盖在水杯中下沉，就说明橡皮泥没有黏合紧密，或某些笔盖刻意钻孔，那就要更换其他笔盖。

★ 笔盖若倾斜漂浮，则要调整橡皮泥粘贴的位置。

★ 透明笔盖更容易观察，效果更好。

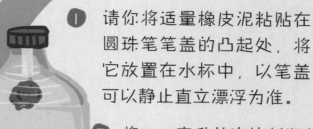

1. 请你将适量橡皮泥粘贴在圆珠笔笔盖的凸起处，将它放置在水杯中，以笔盖可以静止直立漂浮为准。

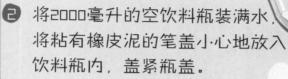

2. 将2000毫升的空饮料瓶装满水，将粘有橡皮泥的笔盖小心地放入饮料瓶内，盖紧瓶盖。

3. 请爸爸用力挤压饮料瓶瓶身。你看到了什么现象？

科 学 解 密

1 公元前3世纪古希腊有一位数学家叫阿基米德，有一次国王给他出了一道难题："王冠的制作手工很精致，但我怀疑制作王冠的工匠不老实。在不把王冠锯开、熔化的前提下，有没有方法知道这个王冠是真的还是假的？"阿基米德苦思多日，有一天他在浴室内泡澡时，突然赤裸裸地跑出来大喊："尤里卡（Eureka，希腊语'我发现了'）！"阿基米德当时想到：任何一个不溶于水的固体在水中都占有一定的体积，而且会受到水的浮力。物体在水中占据的体积（即排开的水的体积）越大，它所受到的浮力越大。

2

当你在笔盖上粘上橡皮泥，使笔盖可以直立漂浮在水中时，笔盖＋橡皮泥的总重量就等于水的浮力，即笔盖＋橡皮泥受到的向下的重力等于水的向上的浮力。

3

当你把笔盖放入饮料瓶内，盖紧瓶盖后，爸爸用力挤压饮料瓶瓶身时，他施加的力会传递到饮料瓶内的每个地方，包括饮料瓶底部、饮料瓶的盖子、笔盖的塑料部分，当然也会传递给笔盖内的空气。

6

爸爸控制挤压饮料瓶的力道，就可以控制笔盖的"浮沉人生"，然后你就可以随意发号施令了：

"笔盖，沉下去。"
"笔盖，浮到瓶身中间。"
"笔盖，浮到
最上面去。"
……

4 如果笔盖是透明的，你会看到笔盖内的空气被外力挤压后，气泡体积会变小。也就是说，这个笔盖＋橡皮泥排开的水的体积变小了，浮力也因而变小了。笔盖＋橡皮泥向下的重力没有变，但是向上的浮力变小了，浮力无法负荷笔盖＋橡皮泥的重量，因此它就沉下去了。

5 当爸爸把挤压饮料瓶的手放开时，你会看到笔盖内气泡体积变大，笔盖＋橡皮泥排开的水的体积也跟着变大，浮力自然就变大了。你就会看到笔盖＋橡皮泥又缓缓浮上来了。

阿基米德原理（即浮力原理）

知识拓展

一个物体在液体中，不管是下沉还是浮起，它所受到的浮力为：

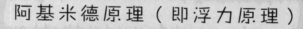

浮力 ＝ 物体在空气中的重量 － 物体在液体中的重量

　　 ＝ 物体在液体中所减轻的重量

　　 ＝ 物体在液体中所排开的液体的重量

热水重还是冷水重

材料和工具

小水桶

橡皮筋

弹簧秤

塑料袋

600毫升的饮料瓶

小贴士

⭐ 热水袋内装入刚煮沸的热水，效果会更明显，但要注意防止烫伤。

⭐ 将装好热水的热水袋暂时放在大碗内。碗内装满热水，保温效果会更好。

⭐ 装水的塑料袋内不可留有空气。

1 请你将600毫升空饮料瓶装满水，放在冰箱冷冻室冷冻1小时。

2 1小时后，从冷冻室取出饮料瓶，把半瓶冰水倒进塑料袋中，爸爸帮忙用橡皮筋将塑料袋绑紧。

3 请爸爸另取一个塑料袋，从饮水机压出热水到塑料袋中，热水袋的体积约为冰水袋的1.5~2倍，用橡皮筋将塑料袋绑紧。

4 请你将一个小水桶装八成满的自来水，然后爸爸提着两个水袋，悬在小水桶水面上方1厘米处。你喊"一、二、三，放"，爸爸将手中的水袋同时放入小水桶中。

5 你发现了什么？浮得比较高的是冰水袋还是热水袋？浮得比较高的水袋，是因为它的重量比较轻吗？

6 请你分别将冰水袋和热水袋用弹簧秤称重。

一般物体的重量可以用弹簧秤量出来，此外还有一种表示相对重量的方法，称为相对密度，比如同体积的铁块与同体积的水相比，铁块比水重，即铁的相对密度大于水。

石头沉入水底，表示石头的相对密度大于水；冰浮在水上，表示冰的相对密度小于水。

冷气机装在屋内的上方，暖炉在屋内的下方，是因冷空气的相对密度较大，热空气的相对密度较小。

从实验得知，热水袋的重量比冷水袋的重量大，但是热水袋浮得较高，而冷水袋浮得较低，这是因为冷水的相对密度大于热水的相对密度。

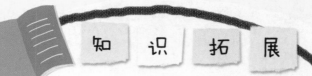

1. 生活中相对密度和密度的意义似乎是一样的，但在科学上相对密度和密度的定义并不相同。

2. 相对密度的定义是某物质与同体积的水的重量之比。例如：7立方厘米的黄金有135.1克，7立方厘米的水有7克，黄金和水的重量之比为135.1克/7克 ＝ 19.3，19.3就是黄金的相对密度。

3. 密度的定义是：一个物体在温度不变、压力不变的条件下，具有一定的质量和一定的体积，这个物体的质量和体积的比值就称为密度，也就是：

$$密度 = \frac{质量}{体积}$$

空气炮

材料和工具

· 瓦楞纸箱2个

· CD碟片一张

· 蜡烛一支

· 美工刀

· 打火机

· 圆柱体容器或盖子一个

1 请爸爸将一张废弃的CD碟片紧贴在一个长方体瓦楞纸箱的外侧，用笔画下CD碟片的圆形外形，并用美工刀小心割下，在瓦楞纸箱上留下一个圆形孔洞。

2 请你取一个直径5~9厘米的圆柱体物品，将此圆柱体的底面紧贴在另一个长方体瓦楞纸箱的外侧，用笔画下底面的圆形外形，并用美工刀小心割下，在瓦楞纸上留下一个较小的圆形孔洞。

★ 这个实验在密闭的室内进行，效果更为明显。

★ 长方体纸箱有六个面，其中一面挖孔，其他五个面保持密闭，效果更佳。

❸ 请你在桌上点燃一支蜡烛，站在距离蜡烛2米的位置，双手抱着纸箱，将洞口对准蜡烛火焰，用力拍打一下纸箱外侧，蜡烛火焰有什么变化？

❹ 换爸爸站在距离蜡烛2米的位置，双手抱着纸箱，将洞口对准蜡烛火焰，用力拍打一下纸箱外侧，蜡烛火焰又有什么变化？

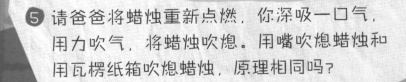

❺ 请爸爸将蜡烛重新点燃，你深吸一口气，用力吹气，将蜡烛吹熄。用嘴吹熄蜡烛和用瓦楞纸箱吹熄蜡烛，原理相同吗？

1 瓦楞纸箱内看起来是空的，实际上里面装满了空气。用手拍打纸箱的一侧，就是给纸箱施加一个外力。此外力经纸箱的器壁将能量传递给纸箱内的空气分子。空气分子获得额外能量，自身的动能就增加了。然后获得动能的空气分子就在纸箱内撞击其他气体分子，并将能量通过纸箱上的洞口传递给纸箱外的空气分子。

2 能量传递到纸箱外的空气分子会形成一个看不见的波动，这个迅速移动的波相当于一阵风，只要纸箱洞口瞄准蜡烛火焰，火焰就会剧烈摇晃，甚至被吹熄。

3 瓦楞纸箱的洞口直径越小，能量传递到纸箱外的空气分子就越集中，波速就越快，也就越容易将蜡烛吹熄。如果瓦楞纸箱的其他五个面没有密闭，有漏洞，能量就不够集中，也就不容易将蜡烛火焰吹熄。

4 如果瓦楞纸箱更大一些，相同的外力造成的纸箱内空气分子的共振效果就会更明显，蜡烛火焰将更容易被吹熄。

5 需要特别留意的是，瓦楞纸箱传递出来的是能量，并未产生额外的空气。因为纸箱的另外五个面是密闭的，没有额外的空气进入纸箱内补充逃逸出来的空气。这和用嘴吹熄蜡烛、用扇子扇熄蜡烛的原理是不同的。

6 用嘴吹熄蜡烛时是将蓄积在肺部的气体在短时间内经由嘟着的小口，制造流速较快的气流，使其快速流过火焰烛芯，将烛芯产生的气态蜡吹散，从而使烛芯的燃烧中断而熄灭蜡烛。这个过程中，有气体持续供应（虽然时间不长）。

7 用扇子扇熄蜡烛的原理和用嘴吹熄蜡烛的原理相近。因为用扇子扇风，会产生一个风压，形成一股气流，扇子周围的空气分子不断地进入这个气流之中，只要气流流速够快，就可以快速将烛芯产生的气态蜡吹散，使烛芯的燃烧中断，从而吹熄蜡烛。

知 识 拓 展

1 波动只传递能量，并未传递介质，也就是说，瓦楞纸箱内的空气还在箱子内，并非变成真空状态。

2 脉冲波：介质上若仅有单个波动，就可以将它称为脉波或脉冲波。

透心凉的冰块

材料和工具

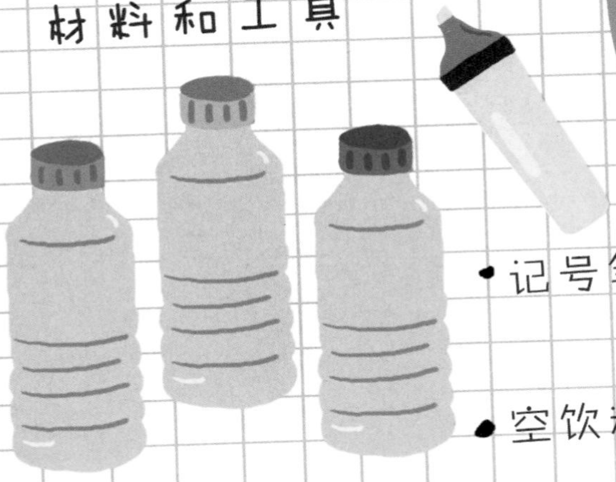

- 记号笔

- 空饮料瓶（约600毫升）3个

小贴士

⭐ 饮料瓶以透明无色的为佳，较易观察。

⭐ 三个一模一样的饮料瓶更好。容量相同、瓶身厚度一样的饮料瓶，方便比较实验差异。

| 冷藏2小时 | 冷冻2小时 |

| 冷冻4小时 |

| 冷冻1小时 |

1. 请你在三个约600毫升的空饮料瓶瓶身上用记号笔分别写上1、2和3，然后各装入约九成满的自来水。

2. 1号瓶子不要盖瓶盖，将其放入冰箱冷藏室冷藏2小时。

3. 将2号瓶子的瓶盖盖紧，放入冰箱冷冻室冷冻4小时。

4. 2小时后，将1号瓶子从冷藏室取出，将瓶盖盖紧，放入冰箱冷冻室中，冷冻2小时。

5. 3小时后，将3号瓶子盖上瓶盖，从室温下直接放入冷冻室中冷冻1小时。

6. 等1号瓶子冷冻2小时后，爸爸将1号、2号和3号三个瓶子从冷冻室同时取出。请你观察一下三个饮料瓶内的冰块有什么不一样。

1 在一般状况下，气体不易溶于液体。举例来说，在一个标准大气压、25℃的条件下，1毫升的水只能溶解0.015毫升的氮气。相同条件下，氧气只能溶解0.03毫升。氧气的溶解量虽然微乎其微，但地球表面积的70%是海水，海水接触空气的面积很大。这些少量溶解在水中的氧气，加上水中藻类进行光合作用产生的氧气，可以不断补充被消耗的氧气。这些氧气就足够水生动物呼吸使用。

2 如果将室温下的一瓶水直接放入冷冻室中急冻，瓶内的水靠近器壁的部分会最先将热量向外传递。当温度低于水的凝固点时，水就开始凝固结冰。但这个结冰的过程不是整瓶水均匀同步进行，而是由外向内缓慢进行。例如3号瓶子，我们可以看到瓶内上下四周的水已经结冰了，但中间还是可以流动的水。

3 任何一个水分子和邻近的另一个水分子因能量降低而彼此联结，就会形成固体的水（即冰）。这个过程会将不属于它们同类的其他成员排除在外。因此，溶解在水分子中的气体就被排挤出来。

4 这些被排挤出来的气体一直往尚未结冰的水分子部分集中，但在冷冻室中，整瓶水最终会全部结冰。因为水结冰的过程是由外向内的，被排挤出的气体集中在整瓶水的中间部位，无法跑出去，所以冰块中间就会形成小气泡。小气泡会让光线产生折射。因此我们感觉从室温下直接放入冷冻室的2号瓶子，中间是白白的，不太透明。

5 　　在冷藏室先冷藏2小时后再放入冷冻室的1号瓶子，因为在冷藏室已先降温，瓶内各处的水温度相同。放入冷冻室后会均匀结冰，原先溶解在水中的气体也均匀分散在冰内，并未因为被排挤而集中在中间。因此我们可以感觉到1号瓶子的冰块透心凉。

知 识 拓 展

2 在一个标准大气压、25℃的条件下，1毫升的水可以溶解的气体的量差距悬殊：

氮气：0.015毫升

氧气：0.030毫升

二氧化碳：0.83毫升

氯气：2.3毫升

硫化氢气体：2.58毫升

二氧化硫：40毫升

氯化氢气体：475毫升

氨气：700毫升

1 干燥空气的成分：

氮气：78.08%

氧气：20.94%

氩气：0.94%

二氧化碳：0.03%

其他气体：0.01%

隔山打牛

材料和工具

- 2本书（厚度大于1厘米）

- 弹珠（玻璃珠、钢珠皆可，但大小要一致）

1. 请你将两本书的书脊靠近，围出一个沟槽，在沟槽内放1颗弹珠。

2. 再用另一颗弹珠当启动子，对准沟槽内的弹珠，用指头轻弹启动子，让启动子去撞击书本沟槽内的弹珠。你看到什么现象？

3. 爸爸在书本沟槽的两端各放一颗弹珠。你和爸爸在两端同时相向弹击弹珠，但你弹击的力量稍大一些，爸爸的力量稍小一些。当两颗弹珠相撞后，它们的运动速度和方向是否发生了改变？

1 牛顿第一运动定律（又称惯性定律）：除非物体受到外力作用，迫使它改变原来的运动状态，否则物体会维持原来的运动状态。即物体原来是静止的，就会保持静止；物体原来是运动的，就会保持匀速直线运动。

★ 书脊围出的沟槽长一些，效果较明显。

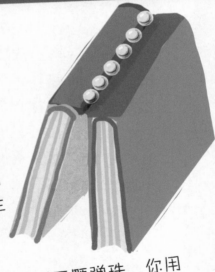

4 爸爸在书本沟槽的一端摆放两颗弹珠，先将第一颗弹珠轻轻向前拨动，然后你立即对第二颗弹珠用力弹击（两颗弹珠朝同一方向运动）。当速度快的弹珠撞击到前方运动速度慢的弹珠时，这两颗弹珠的运动速度是否发生了改变？

5 爸爸在书本沟槽内整齐紧密排列五颗弹珠，你用另一颗弹珠当启动子，对准沟槽内的弹珠，用力弹击启动子。你观察到什么现象？五颗弹珠都被弹出去了吗？

2 物体的惯性大小·可以用动量来表示。动量是物体的质量和速度的乘积，即动量＝质量×速度。除非有外力作用在一个运动系统中，否则这个运动系统的动量是保持不变的，这就是动量守恒定律。

3 每当物体间发生碰撞，碰撞前与碰撞后的总动量是相等的。一颗运动中的弹珠具有一定的质量和一定的速度，这个质量和速度的乘积就是这颗弹珠的动量。当启动子弹珠去碰撞一颗静止的弹珠时，因为两颗弹珠质量相等，而且碰撞前与碰撞后的总动量相等，所以我们会看到启动子弹珠停了下来，而原来静止的弹珠会以相同的速度运动离开。

4 　当两颗弹珠同时相向撞击，我们会看到原来运动快的弹珠，撞击后以较慢的速度反向离开；而原来运动慢的弹珠，在撞击后则以较快的速度反向离开。

5 　如果两颗弹珠都朝同一个方向运动，走在前方的弹珠速度慢，当它被后方运动速度快的弹珠追撞时，我们会看到原来在前方的慢速弹珠在被追撞后，会以较快的速度往前快跑；而原来在后方的快速弹珠，在追撞后，虽然运动方向没有改变，但速度变慢了。

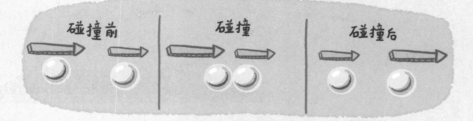

6 　当启动子弹珠去撞击五颗紧密排列的弹珠时，启动子弹珠停了下来，第一颗静止弹珠本来要以相同的速度离开，但它与第二颗弹珠紧密相连，立即将刚刚获得的动量瞬间传递给第二颗弹珠，而第二颗弹珠也立即将刚获得的动量瞬间传递给第三颗弹珠……依次类推，当第五颗弹珠获得动量时，它就会以运动的方式呈现这个物体的惯性。

碰撞前　　　　　　　　　　碰撞后

7 　这种碰撞前与碰撞后的总动量相等的现象经常在交通事故中发生。一辆行驶速度快的车子，若撞击前方行驶速度慢的车子，前方的车子会接收后方车子的动量而瞬间爆冲。而这种碰撞前与碰撞后的总动量相等的动量守恒现象，也是有趣的牛顿摆原理的体现。

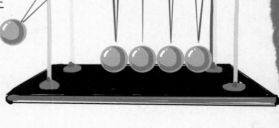

知 识 拓 展

牛顿三大运动定律

牛顿在1687年7月5日发表的著作《自然哲学的数学原理》中首先提出了这三条定律。

1　牛顿第一运动定律：又称惯性定律，静止的物体会一直保持静止状态；沿一直线作匀速运动的物体，也会一直保持匀速运动。

2　牛顿第二运动定律：又称运动定律，当物体受外力作用时，会在力的方向产生加速度，其大小与外力成正比，与质量成反比。

3　牛顿第三运动定律：又称作用力与反作用力定律，当施加力于物体时，会同时产生一个反作用力。作用力与反作用力大小相等，方向相反，且作用在同一直线上。

唱反调的饮料瓶

材料和工具

- A4白纸
- 彩色笔
- 2000毫升的饮料瓶
- 50片光碟的圆柱体盒子
- 激光笔

1️⃣ 请爸爸准备一个2000毫升的空饮料瓶，装满水，盖上瓶盖。

2️⃣ 请你在一张白纸上用彩色笔画上一个大箭头，长度约为一支圆珠笔的长度。

3️⃣ 用胶带或小磁铁，把纸张固定在冰箱门上，箭头朝左。

④ 请你在距离冰箱门1~2米处站好，爸爸拿着饮料瓶，瓶口朝上，在箭头前1厘米处从右往左移动饮料瓶。你看到了什么现象？

⑤ 爸爸再把饮料瓶横放，瓶口朝左，在箭头前1厘米处从上往下移动饮料瓶。你看到了什么现象？

⑥ 请你把光碟容器的盖子放在白纸上，用笔描出光碟容器盖子的圆周，把白纸小心沿着圆周折一条直线（即数学上的切线），用直尺和笔画出这条切线。

⑦ 再用直尺和笔在这个圆的左侧和右侧各画一条垂线，垂直于这条切线。如右图所示。

⑧ 把光碟容器的盖子倒放在白纸的圆上，在盖子中倒入一半自来水，把激光笔放在左边那条垂线上，从盖子侧面对它发射一条光束。你看到了什么现象？

⑨ 把激光笔放在右边的垂直线上，同样也从盖子侧面对它发射一条光束。你看到了什么现象？

小贴士

★ 饮料瓶以2000毫升圆柱体、透明无色的为佳。

★ 这个实验最好在晚上关掉灯的房间内进行，效果最好。

装水的光碟容器盖子可以看作是一个透镜，它会让光线偏折。如果光线由左侧射入这个透镜，如下图所示，由上而下分别有①、②、③、④、⑤五条入射光线，被透镜折射到右侧，到达的位置由上而下分别是⑤、④、③、②、①。

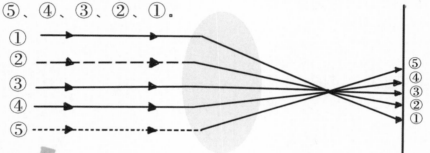

圆柱形的饮料瓶装满水，也相当于一个透镜。当饮料瓶直立时，瓶体中间的上、下部一样厚，因此并未让光线偏折；但中间部分的左、右两侧并不一样厚，而是呈圆弧状，所以光线穿过时就产生了偏折。因此，将饮料瓶瓶口朝上，从右往左移动饮料瓶，纸上画的箭头若朝左，那么你看到的箭头就是朝右的。

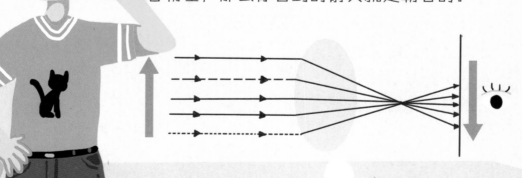

3 　　如果把装满水的饮料瓶横放，那么，饮料瓶中间部分的左、右一样厚，不会让光线偏折；但饮料瓶的上、下部并不一样厚，因此光线穿过时会产生偏折。但是，箭头的上、下部是对称的，因此，通过横放的饮料瓶来看箭头，即使它发生了上下颠倒，在视觉上好像也没有变化。

知 识 拓 展

1　光在介质中的传播速率会因介质种类的不同而有所差异。当光穿越两种不同的介质时，由于波速不同（但频率不变），它的前进方向会发生改变，因而有折射现象产生。

2　光在真空中与空气中的传播速率约为30万千米/秒。
　　光在水中的传播速率约为22.5万千米/秒。
　　光在玻璃中的传播速率约为20万千米/秒。

3　一般而言，光的传播速率（C）：C真空≥C空气＞C液体＞C固体。

伯努利定律

材料和工具

- 乒乓球一只
- 吸管2根
- 塑料泡沫板2块
- 竹筷子一双

1. 请爸爸在一块塑料泡沫板上垂直插入两根竹筷子，两根竹筷子间距约4厘米。在竹筷子上方再插入一块塑料泡沫板，使两根筷子呈罗马数字"Ⅱ"状。

2. 请爸爸手扶着塑料泡沫，让竹筷子垂直于桌面，把竹筷子当轨道，在两根竹筷子中间放一只乒乓球。

小 贴 士

★ 一般喝饮料的吸管，直径约6毫米的最适合。太细或太粗的吸管都不容易吹出气流。

★ 竹筷子要与桌面垂直。若竹筷子与桌面成一斜角，乒乓球很容易就会爬升，这样会不易看出实验的科学原理。

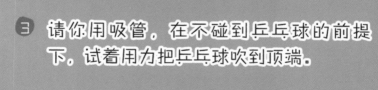

❸ 请你用吸管，在不碰到乒乓球的前提下，试着用力把乒乓球吹到顶端。

❹ 换你手扶塑料泡沫，爸爸用另一根吸管，用力吹乒乓球。是否可以把乒乓球吹到顶端？

1 一般而言，我们要将一张椅子往上抬，须把手放在椅子下方，往上施力，以抵抗地心引力施加在椅子上的往下拉的力量。只要能克服这股往下拉的力量，椅子就可以被抬起来。

2 用上述方式来思考，要把乒乓球往上吹起，一般而言，我们会把吸管放在乒乓球的下方，然后铆足全力往上吹，但是这样很不容易成功。

3 可以流动的能随容器改变形状的物质，我们称之为流体，它包括气体和液体。1738年，瑞士科学家伯努利发现了流体的一个特性：运动中的流体内部，流速较大的地方，压强较小；流速较小的地方，压强较大。这就是所谓的伯努利定律。

4 应用伯努利定律，我们要把乒乓球吹到顶端，只要对准乒乓球顶端，吸管与桌面平行，用力吹。此时，乒乓球顶端的空气流速很大，向下的压强就很小；乒乓球底部表面承受着大气给予的正常向上的压强。向上的压强不变，但向下的压强变小，乒乓球当然就往上爬了。

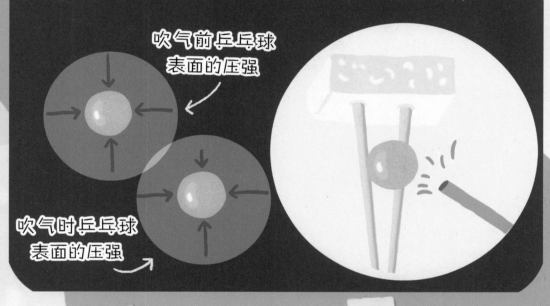

吹气前乒乓球
表面的压强

吹气时乒乓球
表面的压强

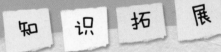

知 识 拓 展

1 探讨流体所表现的力学效应的学科称为流体力学，它有两大分支：流体静力学和流体动力学。

2 伯努利定律：运动中的流体内部，同一高度处，流速较大的地方，压强较小；流速较小的地方，压强较大。伯努利定律可以应用在机翼设计、变化球、喷雾器等设计上。

沉水的乒乓球

材料和工具

- 水桶
- 水瓢
- 乒乓球一只
- 2000毫升的大饮料瓶一个
- 美工刀
- 水杯

小贴士

⭐ 裁切开来的饮料瓶底部越小越好，瓶身保留的部分越大越好。

① 请你将水杯装满自来水，把乒乓球放入水中，观察乒乓球在水中的现象。想想为什么会有这个现象。

② 请爸爸用美工刀小心地将大饮料瓶的底切掉，如图所示。

③ 将裁切过的大饮料瓶去掉瓶盖倒立，把乒乓球放入空饮料瓶内。

④ 请爸爸双手拿着大饮料瓶，你打开水龙头对着饮料瓶内的乒乓球冲水。你看到了什么现象？

⑤ 将水龙头关掉，你又看到了什么现象？

6 请你用一个碗盛七成满的水，然后爸爸扶着装满水的饮料瓶，将瓶口小心地放入碗内的水中（瓶口不要碰到碗底）。你看到了什么现象?

7 爸爸将这个饮料瓶的瓶口压到碗底，你看到了什么现象?

科 学 解 密

1 　　地球上任何物体的表面均承受着来自四面八方的大气压。大气压均匀地压着物体表面。当我们把乒乓球放入倒立的空饮料瓶内时，乒乓球表面也承受着来自四面八方的大气压。

2 　　乒乓球虽然很轻，但也有一定的重量，它会因为自身重量的关系（地心引力给予它的重力）而掉入倒立的饮料瓶瓶口底部。

3 当你往饮料瓶内灌水，水的下冲力会将乒乓球暂时堵在瓶口，在（大多数的）水无法下泄的情况下，饮料瓶内的水位逐渐升高，形成水压。液体的压强是液体深度、密度和重力常数的乘积，因此加入的水越多，乒乓球距水面就越远，水压就越大。

4 饮料瓶装满水时乒乓球超过3/4的表面积与上方向下压的水接触，另有少于1/4的表面积与下方向上压的空气接触。

5 乒乓球的上方有由上向下的水的压强和大气的压强，乒乓球的下方只有由下向上的大气的压强。因为上下方的大气压强一样大，二者互相抵消，乒乓球表面就只剩下由上向下的水的压强。

加油

水
空气

大气压强
水压强

大气压强

6

乒乓球上方的水的压强乘以乒乓球约3/4的表面积，可计算出乒乓球受到的水向下的压力，而乒乓球的浮力等于它在水中所排开的水的重量。很明显，这个重量远小于乒乓球上方的水的重量。由上向下的水的重力远大于由下向上的乒乓球的浮力，乒乓球自然就深入水底，被压在瓶口了。

7

把这个饮料瓶插入水中时，只要瓶口没有碰触水底，乒乓球依然可以维持在饮料瓶内的瓶口处。这是因为在饮料瓶触碰水底之前，瓶口的空气都无法逸出，瓶口内外可以维持相同的大气压，这和瓶口在水面上的情形没有太大差异。

8

如果把这个饮料瓶插入水中，瓶口压在水底，乒乓球很快就会向上浮起。这是因为根据波义耳定律，在定温下，一定质量的气体，其体积和压力的乘积为一定值。当乒乓球上方的水缓慢渗漏至瓶口处，瓶口因碰触水底，水无法漏出瓶口外，瓶口内的空气因而被压缩。瓶口内原先空气所占的空间（体积）本就很小，很快就被上方渗漏下来的水所占据。此空间内的大气压远高于饮料瓶内水的压强，因此我们会感觉乒乓球瞬间就浮上去了。

1. 一般情况下，乒乓球会浮在水面上不是因为"乒乓球比较轻"，或"乒乓球内有空气"，而是因为乒乓球的密度小于水。

2. 波义耳定律，即波义耳－马略特定律。英国化学家罗伯特·波义耳在1662年根据实验结果提出：在密闭容器中的定量气体，在恒温下气体的压强和体积成反比。后来这一发现被称为波义耳定律。这是人类历史上第一个被发现的定律。法国物理学家马略特在1676年发表的论文《气体的本性》中指出，一定质量的气体在温度不变时，气体的体积和压强成反比。波义耳和马略特是各自分别独立发现这一定律的，因此在英语国家该定律被称为波义耳定律，而在欧洲大陆则被称为马略特定律。

隔空点蜡烛

材料和工具

- 打火机
- 牙签
- 蜡烛

1 用打火机点着一支蜡烛，静候三分钟，等蜡烛燃烧稳定时，将蜡烛吹熄，观察它的现象。

2 重新把蜡烛点燃，请你将牙签横着伸入蜡烛的火焰中心。默数三秒，取出牙签。牙签上是否有一些痕迹？

3 请你把蜡烛吹熄，爸爸拿着打火机，在距离蜡烛上方5~10厘米飘着白烟的地方点火。你看到了什么现象？

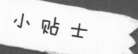
小 贴 士

★ 蜡烛选用粗一些的（直径1.5厘米，约成人拇指粗细），效果较好。

④ 重新把蜡烛点燃，等燃烧三分钟后，请你把蜡烛吹熄。火焰熄灭后一分钟，爸爸拿着打火机，在距离蜡烛上方5~10厘米的地方点火。蜡烛能点着吗？

科 学 解 密

1 蜡烛外焰可以接触到空气，氧气供应充足，燃烧较完全，因此温度较高；焰心氧气供应量较少，燃烧效率较差，因此温度较低。

2 当把牙签横着放入蜡烛火焰中时，虽然牙签是可燃物，但只要加热时间不是很长，牙签就不会起火燃烧。但我们可以看到牙签表面接触到外焰的部分有局部碳化变黑，但牙签接触焰心的部分却还是原来的颜色。这表示蜡烛火焰内外温度有所不同。

3 　蜡烛未点燃前是固体的蜡，将蜡烛点着时，火焰很快把棉芯上黏附的少量固态蜡熔成液态蜡，又继续转变成气态蜡，然后气态蜡燃烧起来。气态蜡燃烧之后所放出的热量可以让蜡烛进行后续的固态→液态→气态的形态转变。

4 　蜡烛燃烧的过程中，前半段的形态变化为固态→液态→气态，这是物理变化；后半段是气态的蜡和空气中的氧起燃烧反应，为化学变化。

5 　把稳定燃烧中的蜡烛吹熄，短时间内棉芯附近温度尚高，足以持续让液态蜡转变成气态蜡，但此时已没有后续的燃烧化学反应。因此，我们可以看见一缕白烟往上飘出。此时，赶紧对气态蜡点火，就会有火苗烧向棉芯，蜡烛就可以被隔空点着。

6 　等到蜡烛熄灭后一分钟，气态蜡已扩散至空气中，分散、稀释之后的气态蜡浓度太低，即使在一分钟前有气态蜡的位置点火，也无法正常点着。

7 　蜡烛熄灭后一分钟，液态蜡也已几乎凝固成固态蜡，无法提供后续燃烧反应所需要的气态蜡。因此在相同距离的情况下，要实现隔空点火就很难成功。

1　固态蜡受热后转变为液态蜡，液态蜡被棉芯吸附后逐渐变为气态蜡，此过程为物理变化。

2　气态蜡在高温下与氧气反应，产生二氧化碳和水，此过程为化学变化。

3　蜡烛火焰的颜色和温度：

（1）焰心：浅蓝色，温度约1000℃，主要为未燃烧的气态蜡。

（2）内焰：金黄色，温度约1200℃。

（3）外焰：淡黄色，温度约1400℃。

4　蜡烛原先是用牛脂或蜂蜡制成的。公元940年，中国南唐皇帝李升下令改以柏树油脂取代动物油脂制蜡，蜡烛的制作成本大幅下降，蜡烛得以在中国普及。19世纪欧洲发明提炼石油的方法，蜡烛逐渐改用石油的副产品石蜡制成。

5　石蜡是一类复杂的有机化合物，熔点约为47~64℃。

吞云吐雾

材料和工具

- 铝箔包装的空饮料盒一个
- 线香一支
- 直尺一把
- 名片一张
- 美工刀
- 一元硬币

小贴士

★ 300毫升的铝箔包装的空饮料盒大小·最适合，它的吸管插入孔正好适合线香，空间大小·也适合在短时间内累积足够的烟雾。

① 请爸爸将空饮料盒的一个侧面（较窄的那一面），用美工刀割出一个一元硬币大小的圆洞。

② 请你用一张名片（或一把直尺）把圆洞盖住。点燃一支线香，伸入吸管插入孔。

③ 一分钟后，把盖住圆孔的名片（或直尺）拿开，在空盒的两侧轻轻挤压一下。你看到了什么现象？

④ 爸爸把空盒翻转到另一面（有圆孔的平行面），用美工刀割出一个三角形的洞。

⑤ 请你用一张名片（或一把直尺）把三角形孔洞盖住，把线香伸入吸管插入孔。

⑥ 一分钟后，把盖住三角形孔洞的名片（或直尺）拿开，在空盒的两侧轻轻挤压一下。这次你看到了什么现象？烟雾是三角形的吗？

1 　　线香燃烧后，除了香灰之外，产生的烟雾中含有一氧化碳、氮氧化物、硫氧化物、挥发性有机化合物，更重要的是还有肉眼可见的白烟状固体悬浮颗粒，其大小为10~500纳米。

2 　　将线香伸入空盒内，燃烧过程中所产生的固体悬浮颗粒暂时被封在空盒内。因为它的颗粒很小，不容易沉降下来，所以会暂时在空盒内进行小范围的热对流。

3 　　把覆盖在空盒圆孔上的名片（或直尺）拿开，同时在空盒两侧施以小小的外力，被封在空盒内的固体悬浮颗粒就会被挤压冲出圆孔。固体悬浮颗粒在冲出圆孔的过程中，会与洞口边缘产生摩擦而翻滚，因而形成烟圈。

4 如果把空盒的洞口改成三角形、正方形等，冲出洞口的固体悬浮颗粒并不会因此形成三角形或正方形的烟圈。这是因为这些固体悬浮颗粒在洞口边缘产生摩擦时，小颗粒会在很短的时间内调整彼此之间的距离，让彼此碰撞的机会均等，从而形成了我们肉眼看到的圆形烟圈。

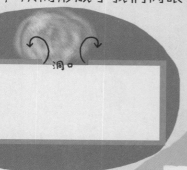

洞口

知 识 拓 展

PM2.5

现在常在新闻媒体上出现的"PM2.5"的PM是particulate matter的首字母缩写，意为悬浮在空气中的固体颗粒或液滴，它是空气污染的主要来源之一。悬浮颗粒的直径若小于或等于10微米，就被称为PM10，若小于或等于2.5微米，就被称为PM2.5。

悬空飘浮的乒乓球

材料和工具

- 乒乓球
- 可弯式吸管
- 剪刀
- 吹风机

1　请你拿着吹风机。吹风口朝上，爸爸拿着乒乓球，将乒乓球放在吹风口的正上方。启动吹风机后，爸爸放开手上的乒乓球。你观察到什么现象?

★ 如果吹风机的吹风口不是圆形，可以在一个一次性纸杯的底部用圆规画一个直径3厘米的圆，用美工刀小心割掉，然后将纸杯套在吹风机吹风口上。

★ 可弯式吸管末端1厘米处裁剪成花朵状最好，太长的话效果不佳。

2 重复刚刚的动作，但请你将手上的吹风机前后左右缓慢移动。你又观察到什么现象？

3 请你取一根可弯式吸管，在较长那端的末端1厘米处，用剪刀剪成四等分花朵状，在此花朵状的吸管口上放置一只乒乓球，如左图。

4 爸爸将可弯式吸管直立朝上，含住较短的那端，深吸一口气，然后用力吹。乒乓球是否腾空飘浮在花朵状的吸管口上？

吹风机由下往上吹，吹出的强风使球的正下方因气体流速变大而气压降低，而乒乓球上方向下的气压压强不变，这就造成气压净压强向下。此压强乘以乒乓球的表面积，得出的向下的作用力，加上乒乓球本身向下的重力，构成一个向下的合力。此合力和吹风机吹出的向上的作用力大小相等、方向相反，且作用在同一条直线上，可以相互抵消，因此我们看见乒乓球"悬浮"在空中。

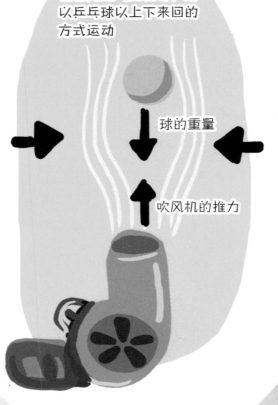

左右两边气压相等，所以乒乓球以上下来回的方式运动

球的重量

吹风机的推力

2 在球体周围流动的空气会产生压强差，乒乓球想要往气流外侧移出时，反而会受到内侧力量的吸引而维持在吹风口。因此，即使你把吹风机前后左右缓慢移动，甚至略为倾斜一个小角度，乒乓球也好像被"吸"在吹风机的出风口处。

3 压强差、气流将球体向上推的力，以及球体自身向下的重力，三者互相制衡，乒乓球就会飘浮在空中，而不会随气流飞出。这就是伯努利定律的体现。利用气流的大小和移动造成的压强改变，可以控制乒乓球飘浮、上升或下降。

扇子在扇动时，推力会把空气往一侧挤压，被挤压的空气往四周流动而产生风。电风扇则是借由电力使马达转动扇叶，靠近扇叶边缘的空气流速快，气体压强小；靠近轴心的空气流速慢，气体压强大，空气因而向扇叶边缘流动。外加扇叶的形状导引，扇叶表面的空气沿着扇叶往前推进，扇叶后方的空气因气体压强变化，持续补充进来形成推进气流，从而产生了风。

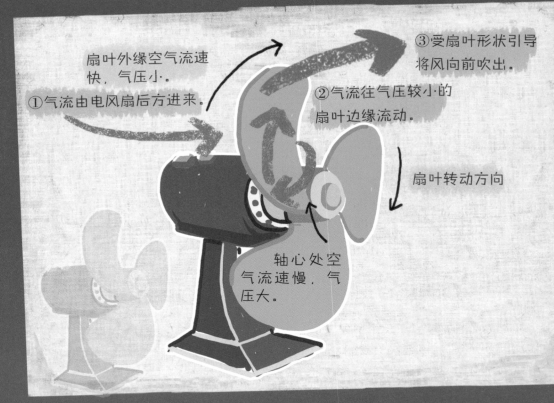

扇叶外缘空气流速快，气压小。

①气流由电风扇后方进来。

③受扇叶形状引导将风向前吹出。

②气流往气压较小的扇叶边缘流动。

扇叶转动方向

轴心处空气流速慢，气压大。

② 无叶片风扇也是伯努利定律在生活中的应用。无叶片风扇的学名是气流倍增器，是2009年英国发明家戴森发明的。它的外观上有一个圆柱形的基座，上面接着一个圆形或长椭圆形的出风口。这个圆环内部是中空的，出风口处有一圈很窄的缝，空气从缝中喷射而出。

③ 无叶片风扇运作时，基座内的马达会先从边缘的许多小孔吸入空气，再把这些空气向上推升到圆环内的中空管道，从出风口的窄缝将空气喷出。气流在圆环中间产生较低的气压，带动圆环后方和四周的空气一起流入，并朝着圆环前方吹出。

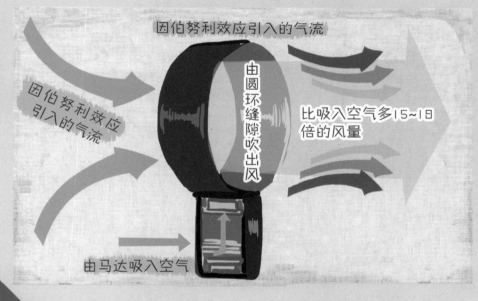

因伯努利效应引入的气流

因伯努利效应引入的气流

由圆环缝隙吹出风

比吸入空气多15~18倍的风量

由马达吸入空气

④ 地铁或火车的站台上有一条警戒线，禁止候车的旅客越过，因为当列车进站时会带动气流，靠近列车的气流流速较快压强较小，如果站得太近，就会被"吸"过去而引发危险。

慢吞吞的液体

材料和工具

- 淀粉（或玉米粉）1千克
- 塑料脸盆2个
- 铁汤匙

小贴士

★ 这个实验在浴室进行比较容易清洁。

★ 淀粉和水的比例是2：1，淀粉2份，水1份。

★ 淀粉先用500克，若加水后的淀粉溶液在脸盆中的深度小于大人手掌厚度（约5厘米），再追加500克淀粉和250克水。

★ 容器用塑料脸盆较好，效果较明显。金属脸盆较重，在第二个实验中不易显现效果。

1. 爸爸准备甲、乙两个塑料脸盆，其中甲盆装八成满的水，乙盆装500克淀粉（或玉米粉）和250克水，用铁汤匙混合均匀。

2. 将两个脸盆端到浴室内，请你用力拍打一下甲脸盆中的水。是不是水花四溅啊？

3. 换爸爸用力拍打一下乙脸盆中白色的淀粉溶液。淀粉溶液溅出来了吗？

4. 请你将手伸入装水的甲脸盆中，手掌贴住盆底，手掌张开，迅速抬起你的手，是否带出了一些水？脸盆是否还在地上？

5. 换爸爸将手伸入装有白色淀粉溶液的乙脸盆中，手掌贴住盆底，手掌张开，迅速抬起手。你是否观察到奇怪的现象？

6. 请你用双手从甲脸盆中捧起水，水是否很快就从手指缝隙中溜走？

7. 换爸爸在装有白色淀粉溶液的乙脸盆中捧起一些白色溶液，是否可以让溶液从左手交到右手，再从右手交到左手？

8. 换你试试看。

1 一般而言，物质有三种形态，即固体、液体和气体。液体和气体因较容易流动，被合称为流体。

2 最常见的流体是空气和水。不论是空气还是水，当它从A处流动到B处，并不会导致A处的空气或水变稀薄，或者甚至在A处形成一个"洞"，而B处也不会因此而变得浓稠。不论所受的力如何，都能继续正常流动的流体，科学家称之为牛顿流体。

3 当你拍打脸盆里的水，水花会四溅；当你用手掌贴住装水的脸盆底部，然后迅速抬起手时，除了少部分水会被带出脸盆外，大部分水依然留在脸盆内；用手捧水，水会从手指缝隙中溜走；抽刀断水水更流……这些都是我们熟悉的水的性质，它属于牛顿流体。

知 识 拓 展

非牛顿流体的
主要性质

4 但不是所有流体都会呈现这些现象。当爸爸拍打淀粉溶液时，溶液竟然没有四溅出来，而且拍打的瞬间，溶液好像变成了固体。当爸爸把手掌伸入淀粉溶液底部并快速抬起手时，淀粉溶液和脸盆竟然"粘"在了手上，被高高抬起。更奇特的是，这种溶液竟然可以被玩弄在股掌之间，从左手交给右手，再从右手交给左手。

5 像这类流动时，有些地方较浓稠，有些地方较稀薄，甚至出现"空洞"的流体，科学家称之为非牛顿流体。

油漆

6 非牛顿流体在生活中的例子包括柏油、油漆、血液、牙膏、番茄酱、面粉团等。

流体会因压强或流速的改变而改变黏性。压强增大，流体黏性就会增加，甚至成为暂时性固体，即此物质会暂时不流动了。

磁浮

材料和工具

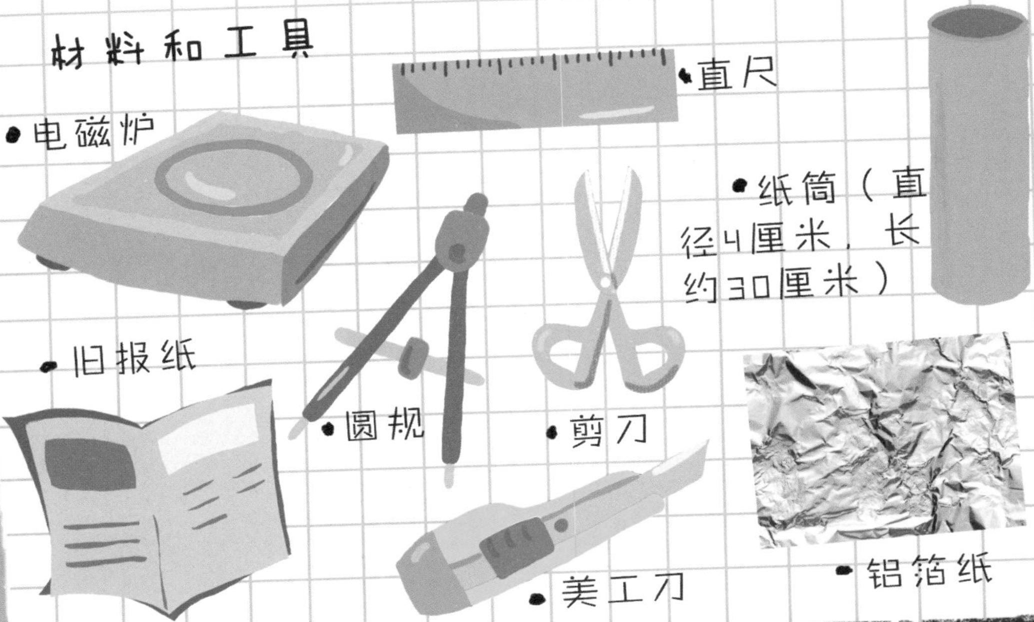

- 电磁炉
- 旧报纸
- 圆规
- 剪刀
- 美工刀
- 直尺
- 纸筒（直径4厘米，长约30厘米）
- 铝箔纸

1 请你用圆规在旧报纸上画一个半径10厘米的圆，再以相同圆心，画一个半径2.5厘米的较小的同心圆，用剪刀将大圆剪下。

小贴士

★ 若铝箔片飘浮太久，铝箔上感应出的涡电流会不断地来回流动，产生的热量无法排除，最后会起火燃烧，因此不要通电实验太久。

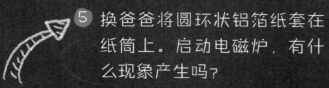

5 换爸爸将圆环状铝箔纸套在纸筒上。启动电磁炉，有什么现象产生吗？

4 将直径4厘米的纸筒直立在电磁炉正中心，把圆环状旧报纸套在纸筒上。启动电磁炉，有什么现象产生吗？

3 请爸爸用铝箔纸按照你的做法剪下一样大的铝箔圆环。

6 请你先将纸环套在纸筒上，爸爸再将铝箔圆环也套在纸筒上（纸环在下，铝箔环在上）。启动电磁炉，有什么现象产生吗？

2 将这个大圆对折三次（画有小圆的线朝外），折成扇形圆，再用剪刀沿着小圆剪下，剪出一个环。

1 电磁炉是以电能来烹调的工具。使用电磁炉时，炉身没有火焰，而是利用电磁感应加热器皿，能源利用效率大幅提高，周围环境温度也相对低许多。再加上电磁炉在使用过程中没有燃烧，故没有碳颗粒物和一氧化碳生成，是相对安全、环保的烹调工具。

2 电磁炉内部有一个铜制线圈，电磁炉接通交流电后，线圈周围会产生交流磁场。此交流磁场通过炉面上的铁磁性金属器皿时，器皿会感应形成与之相吸的磁场。

3 炉面下线圈的交流磁场的磁场方向每秒变换60次，炉面上铁磁性金属器皿感应形成的磁场，其磁场方向也是每秒变换60次。这样在铁磁性金属器皿内部就形成了感应电流。此感应电流是交流电，其电流方向同样每秒变换60次。

4 炉面上铁磁性金属器皿感应形成的感应电流在器皿内部流动时，会因金属器皿本身的电阻而使电能转化为热能，从而得以烹煮食物。

5 铁磁性金属是可以被磁化的金属，主要的铁磁性金属有铁、钴、镍三种。日常生活中，不锈钢器皿含有铁成分，可以适用于电磁炉，但传统的陶瓷器皿并不适用。部分电磁炉专用的陶瓷锅，内藏铁磁性金属，使之可用于电磁炉加热。搪瓷器皿是由铁器皿外包搪瓷而成的，因此也可以用电磁炉加热。

6 　常见的铝制锅具虽是金属，但电磁炉内部有一个检验锅具是否是铁磁性金属的开关，它仅能检测到铁或不锈钢锅等，因此放上铝锅时，电磁炉内部并没有启动电流。另外铝锅在烹煮时容易产生铝锈，若混入食物中，会对健康造成危害，所以铝锅不适用于电磁炉。另外，良好的金属导体阻抗都很低，铝的电阻约为铁的1/4，产生的热能太小，不足以加热食物，因此铝锅不适合烹煮。铜的电阻更小，更不适合用在电磁炉上。

7 　铝箔片会飘浮的原因是铝箔因电磁炉内部的磁场变化而产生感应电流，根据楞次定律，此感应电流的方向与电磁炉线圈的电流方向相反，铝箔会产生与电磁炉内部线圈磁场方向相反的磁场，两个磁场同性相斥，因此铝箔就可以飘浮起来。当电流变换方向的瞬间，磁场排斥力小于铝箔本身的重力时，铝箔便向下坠落。

知　识　拓　展

1 1819年，丹麦的奥斯特教授发现：直流电的导线旁会有磁场产生。

2 1931年，英国的法拉第发现法拉第定律：当线圈内的磁场发生变化时，线圈会感应产生电流。

3 1834年，德国的楞次发现楞次定律：线圈内的磁场发生变化时，线圈会感应产生电流，感应电流的方向恒使电流产生新磁场，以抗拒原磁场的变化。

心有戚戚焉
——随之起舞

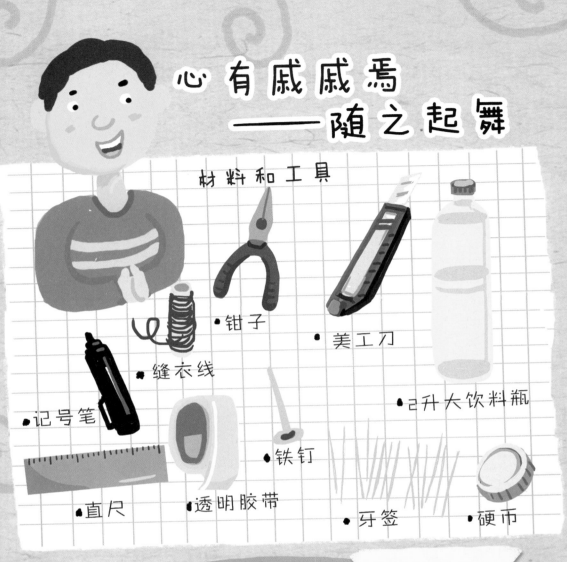

材料和工具

- 钳子
- 美工刀
- 缝衣线
- 2升大饮料瓶
- 记号笔
- 铁钉
- 直尺
- 透明胶带
- 牙签
- 硬币

如果瓶身内的缝衣线不够紧，可以将瓶盖调松（即让缝衣线的长度拉长、变紧），能量传递会更明显。

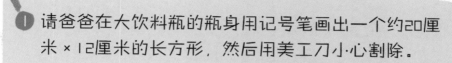

① 请爸爸在大饮料瓶的瓶身用记号笔画出一个约20厘米×12厘米的长方形，然后用美工刀小心割除。

② 爸爸用钳子夹住一枚长铁钉，在煤气炉上加热。当铁钉火红时，小心地在瓶底和瓶盖中心分别戳一个小孔。

③ 用缝衣线穿过瓶底小孔，在瓶底外侧绑上半根牙签。

④ 缝衣线的另一端穿过瓶身和瓶盖，在超过瓶盖约10厘米处剪断。小心拉直缝衣线，在与瓶盖对齐的地方做一个记号。

⑤ 请你用双手轻微弯曲饮料瓶瓶身，使瓶盖处缝衣线的记号看似超过瓶身，由爸爸小心地在缝衣线的记号处绑上半截牙签。绑好后，你双手放开。此时，缝衣线在瓶子里便会呈紧绷状态。

6 瓶身中央的缝衣线有20厘米长，从瓶身外可以用手摸到。将这段约20厘米长的缝衣线划分成七部分：两端各留1厘米，用记号笔打点做记号；再从两端的记号点往中间，每隔约3.5厘米打点做记号。如下图。

7 请你将30个硬币平分成6份，每份5个，每5个硬币用透明胶带粘合成一份。

8 将其中一份硬币立在桌上，另取缝衣线，将缝衣线的一端放在这叠硬币的直径处（末端超出硬币约10厘米），用一小段透明胶带粘贴固定，以防缝衣线滑动。再将这叠硬币翻转过来，用缝衣线将其捆绑牢固。绑好后，再用透明胶带小心粘贴，以防松脱。以缝衣线打结处为原点起算，在40厘米处用记号笔做一记号（长度尽量精确），并多留约10厘米，剪断。

9 相同做法，再做40厘米一份、20厘米两份、10厘米两份（长度尽量精确）。每一份的末端都多预留约10厘米，方便后续操作。

10 将这6份硬币依以下顺序排序：40厘米、20厘米、10厘米、40厘米、20厘米、10厘米，并逐一绑在瓶身内缝衣线的6个记号点上。如右图所示。

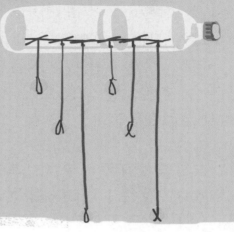

11 将两张等高的椅子相互拉近，将此装置放在椅子中间，等候硬币静止不动。

12 请爸爸将6份硬币中的任意一份小心提起，让它像秋千一样摆动。动作要小心，尽量不要晃动其他5份。从此装置的右侧或左侧观看，你可以看见被爸爸提起并放开的硬币在左右摆动。渐渐地，你是否发现另外5份硬币中的其中1份也跟着摇摆起来？

13 请爸爸让6份硬币都静止下来，重新拿起另一份不同长度的硬币让它摆动，请你在右侧或左侧观看。这一次，你是否发现另外5份硬币中的其中1份也跟着摆动？这一次随着摆动的硬币跟前一次是同一份吗？

1 爸爸用手提起硬币单摆的其中一个时，需要对这个单摆施予一个小小的力，即将能量输入这个单摆。此时，单摆从比较低的位置被提到比较高的位置，输入的能量会以位能的形式储存。

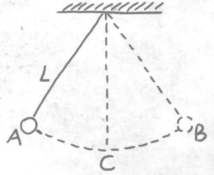

2 当爸爸放开硬币单摆，单摆开始摆动。这个单摆从原先最高的位置往下摆动，直到达到最低点。此时单摆位置最低，但运动速率最大（摆动最快），即位能为0，但动能最大。这是因为原先储存的位能转换成了动能。

3 接下来，这个单摆会往上摆动，直到达到最高点。此时，单摆位置最高，但运动速率最小（速率为0），即位能最大，动能为0。这是因为刚刚的动能又转换成了位能。

4 然后这个硬币单摆就不断地进行位能和动能的转化。这个过程中，有少许能量传到这个硬币单摆上方的缝衣线（饮料瓶身内部的缝衣线），另外5个单摆也同时接收了这个能量。但这5个单摆有3种长度，每种长度都有属于它自身可以振动的固有频率，只有其中一种长度的固有频率和正在摆动的单摆的固有频率相同，因此，只有一个单摆会跟着摆动，这就是共振。

5 共振在生活中最常见的例子就是荡秋千。一个秋千架如果有两个以上的秋千，其中一个秋千有人在上面乘坐摆荡时，这个摆荡的能量常常会传递到同一个秋千架的其他秋千，造成其他秋千也跟着摆荡。

6 共振在生活中的另一个例子就是乐器共鸣。钢琴内有219根不同粗细的钢弦。用其他乐器对着钢琴的钢弦弹奏一个固定音阶的音，所发出来的声音的频率会与其中一条弦的振动频率相同，从而引起共鸣，这也是共振现象。

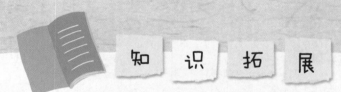

知 识 拓 展

● 共振是一个物体受到强迫振动的频率和其自然频率相等时所产生的现象。即一个物理系统在特定频率下，可以以最大的振幅做振动的情形，这些特定频率就称为共振频率。在共振频率下，只需很小的周期驱动力就可以产生很大的振动。

● 一个利用共振原理提高现代生活便利性的例子就是微波炉。微波炉能够将电能转换成2450兆赫频率（每秒振动24.5亿次）的微波，这种频率的微波和水分子振动的固有频率相同，因此可以引起食物中的水分子跟着振动。水分子不断振动而产生热能，从而使食物的温度迅速升高。

吃面筋好脑筋

材料和工具

- 袜子
- 面粉
- 脸盆
- 塑料尺

面粉

小贴士

⭐ 水不可一次加太多，不够时再添加。

⭐ 可以用小一点的不用的袜子。

⭐ 如果袜子内还有明显的白色部分，则表示尚未完成。

1 请爸爸舀半碗面粉放在桌面上，你把面粉堆成小山状，再在中间戳出"火山口"，深可见底（手指碰到桌面）。

2 请爸爸在面粉火山口中倒入一些水，你将它们混合均匀，然后在桌上揉搓。这时候你的手触觉如何？

3 请你把粘在手上的面粉揉搓下来，爸爸用直尺把粘在桌面上的面粉刮除集中，混合在面团中，并用力揉捏，使面团更均匀。

4 保留一小块面团当对照，将剩余的面团装入袜子。脸盆装八成满的水，爸爸抓住袜子的入口处，袜子装面团的部分则浸入水中。请你在脸盆内揉搓袜子（不要太用力，免得水溅出来）。你有没有看到袜子内有白白的东西渗出来？脸盆内的水从透明无色慢慢地转变成牛奶一样的白色，有没有感觉袜子里的面团越来越小？

5 换爸爸接力揉搓，直到袜子内的面团变得全部呈米黄色为止。

6 取出袜子内米黄色的东西，你有没有感觉它很黏、很有弹性？它和刚刚保留下的小面团相比，颜色一样吗？哪一个比较有弹性？

1 　袜子是用纤维织出来的布料做的，有许多致密的小孔，目的是为了透气、排汗。这些小孔可以让比孔洞更小的物质进出，这在科学上称为筛网法。化学领域里，将一个物体内的多种物质进行分离，也常使用筛网法。经常被拿来当"筛子"的器材就是实验室内很常见的滤纸。

2 　面粉是用小麦磨出来的，其中的物质成分不止一种。我们用手触摸面粉，或者仔细观察面粉时，会觉得面粉是均匀的物体，构成面粉的物质好像只有一种。但当我们在面粉中加入少量的水，这些粉末就开始发生化学变化，粉末中的蛋白质会串接起来，最后变成一团很大的蛋白质，它就是面筋。

3 　面粉中除了蛋白质，其余最主要的物质就是淀粉。淀粉是小颗粒，不会与水发生化学反应，颗粒之间各自独立，均匀地分散在蛋白质（面筋）中。

4 面粉加水揉搓成的面团，其中的蛋白质和淀粉颗粒是均匀分散的。当我们将面团放在袜子内，在水盆中揉搓时，小颗粒的淀粉就穿过袜子纤维之间的小孔，跑到袜子外的水盆里。但蛋白质（面筋）因为分子太大，无法穿过袜子纤维之间的小孔，因此在袜子内聚集成了一大团。

知 识 拓 展

① 面粉根据其中的蛋白质含量，可概分为：

(1)特高筋面粉：蛋白质含量13.5％以上。

(2)高筋面粉：蛋白质含量12.5％～13.5％，一般用来制作面包。

(3)中筋面粉：蛋白质含量9.5％～12％，一般用来制作包子、馒头、面条、水饺。

(4)低筋面粉：蛋白质含量9％以下，一般用来制作蛋糕、饼干。

(5)无筋面粉：不含蛋白质，一般用来制作虾饺。

② 一般家用的面粉是中筋面粉，蛋白质含量适中。如果要制作面包或蛋糕，虽然不是最适合的，但差异不会太大，可以将就替代。

③ 面粉中的蛋白质，即通称的面筋，主要成分为麦谷蛋白和麦胶蛋白。它的构成中缺乏赖氨酸，而赖氨酸又是人体必需氨基酸的种类之一。因此经常以面筋等食品为主要蛋白质来源的人，要额外补充赖氨酸含量较高的食物，如红肉（牛肉、羊肉）和大豆。

柠檬口味的咖啡

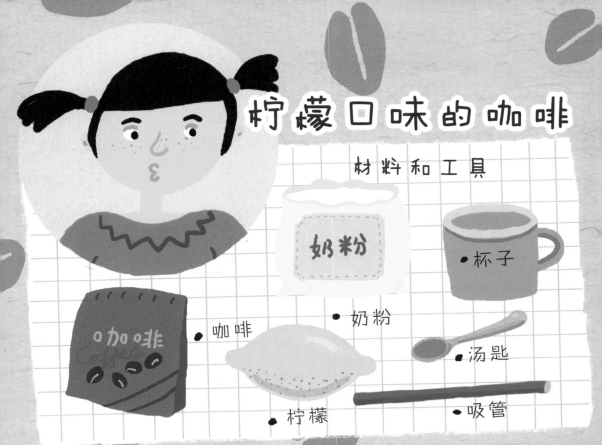

材料和工具

奶粉

• 杯子

• 咖啡

• 奶粉

• 汤匙

• 柠檬

• 吸管

小贴士

★ 奶粉可以是婴儿奶粉、成人奶粉、脱脂奶粉、低脂奶粉、全脂奶粉。

★ 榨柠檬汁时没有专门的榨汁机也没关系，可以将柠檬切片，放入碗中，以铁汤匙挤压，再把汁液倒出即可。

1 请你准备一杯咖啡（现磨的或速溶的都可以）。

2 请你在咖啡中加2匙奶粉，用汤匙搅拌均匀。

3 请爸爸把新鲜柠檬榨出汁液，放在杯子中备用。

4 请你用吸管小心地将柠檬汁滴入咖啡中，爸爸则用汤匙搅拌咖啡。你发现了什么？

1

　　一般在咖啡中加入奶精，目的是为了提升口感。奶精的主要成分是氢化植物油、玉米糖浆、酪蛋白、香料、食用色素等，其中酪蛋白是牛奶加工产生的乳蛋白制品。含氢化植物油成分的奶精含有许多反式脂肪酸，它可能会提高罹患心肌梗塞、动脉硬化等心血管疾病的风险，建议少用。

2

　　咖啡中加入牛奶，口感依然很顺滑，而且更营养。但是，当我们把柠檬汁加入咖啡牛奶中时，神奇的事情发生了。原本混合均匀的牛奶咖啡起了变化，里面有不溶解的小颗粒形成。这是因为牛奶中的蛋白质遇到柠檬汁中的酸，性质发生了改变——原来可溶于水，后来变得不溶于水。

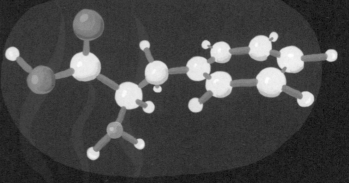

1. 蛋白质由氨基酸构成，不同的氨基酸分子像念珠一样，一个接一个排列成串。氨基酸的这种排列顺序，被称为（蛋白质的）一级结构。

2. 一级结构的蛋白质无法发挥蛋白质的功能，它需要折叠、卷曲。折叠后的蛋白质会将其分子的疏水端包埋在内侧，将亲水端裸露在外侧。这样，这类蛋白质就可与水互溶。这种折叠过的蛋白质被称为（蛋白质的）二级结构。

3. 二级结构的蛋白质在立体空间中再扭转、卷曲，变成立体构型，就被称为（蛋白质的）三级结构。

4. 蛋白质在某些极端的状况下，例如加热或加酸，其分子构成单元氨基酸之间会起化学反应。这会造成蛋白质分子的亲水端被包埋在内侧，而疏水端裸露在外侧，使蛋白质和水不互溶而结块，这就是所谓的蛋白质变性。

5. 这种蛋白质变性只是让蛋白质分子的构成单元氨基酸重新与其他氨基酸联结，但不同的氨基酸在蛋白质分子上的排列顺序并没有改变，也就是说（蛋白质的）一级结构并没有发生变化。但蛋白质的二级结构和三级结构发生了改变，所以就失去了它的原本功能，也就是说这个蛋白质分子不再具有生物活性。

爆炸包

材料和工具

- 小苏打粉
- 鸡蛋壳 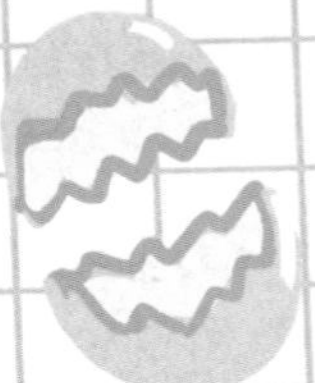
- 大夹链袋（约6厘米×9.5厘米）
- 小夹链袋（约4厘米×6厘米） 
- 玻璃酒瓶 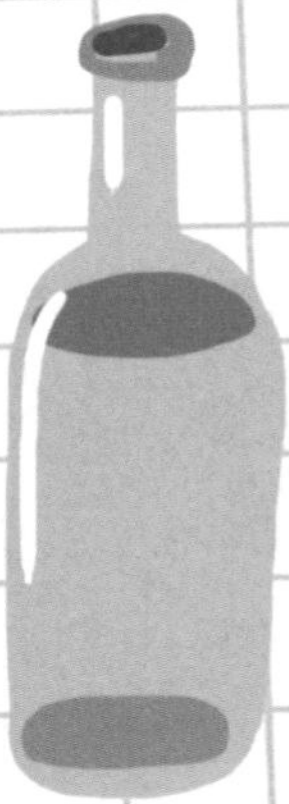
- 塑料袋
- 食醋

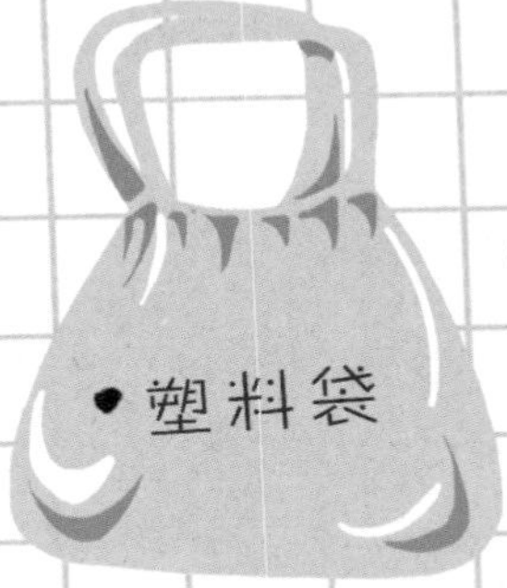

1 请你将一茶匙小苏打粉装入大夹链袋中。

2 用小夹链袋装半满的食醋（夹链袋口不用闭合），将这个小夹链袋小心放入装有小苏打粉的大夹链袋中。

3 将大夹链袋的封口封紧。

4 请你将大夹链袋上下倒置，让小夹链袋中的食醋流出。你看到了什么现象？

5 请爸爸把蛋壳放入塑料袋中，用玻璃酒瓶或圆柱形的笔杆将它擀碎，越细碎越好。

6 请你将一茶匙蛋壳粉装入大夹链袋中。

★ 食醋不可装太满，以免实验过程中不小心溢出。

★ 若小夹链袋外侧有溢出的食醋，务必擦干再放入大夹链袋中。

★ 小夹链袋不可密闭。

7 请爸爸用小夹链袋装半满的食醋（夹链袋口不用闭合），并将这个小夹链袋小心放入装有蛋壳粉的大夹链袋中，将大夹链袋的封口封紧。

9 请爸爸将大夹链袋上下倒置，让小夹链袋中的食醋流出。你看到了什么现象？和你做的有什么不一样？

科 学 解 密

1 蛋壳约含95%的碳酸钙（$CaCO_3$），小苏打粉的成分是碳酸氢钠（$NaHCO_3$），都属于碳酸盐类的物质。碳酸盐类遇到酸都会产生二氧化碳，差别只在于不同种类的碳酸盐类和酸的反应有快慢之别。

2 我们使用夹链袋可以清楚看见内部的反应变化，而且夹链袋具有一定的弹性，我们可以安全地观察它。市面上贩卖的爆炸包一般是以缺乏弹性的不透明袋子密封的，当内部产生气体时，就会形成较大的向外推力。当超过袋子的耐受度时，袋子就会"嘭"的一声炸开。

1. 我们在制作面包或馒头时会添加酵母菌进行发酵。酵母菌在面团中分泌淀粉酶，将面团中的淀粉分解成葡萄糖。葡萄糖为小分子的单糖类，容易进入酵母菌细胞膜，在酵母菌细胞内进行呼吸作用。这个过程的化学反应方程式为：

$$C_6H_{12}O_6 + 6O_2 \longrightarrow 6CO_2 + 6H_2O$$
葡萄糖 + 氧气 → 二氧化碳 + 水

二氧化碳会将有弹性的面团向外"吹"出一个个小气泡，这和爆炸包起反应，使夹链袋向外膨胀有异曲同工之妙。发酵后，将面团烤过或蒸过，面包和馒头内部就会留下一个个小洞，面包和馒头的口感变得松软，有弹性。不过，经过高温烤过或蒸过，这些小洞里面已经没有二氧化碳了，它只是在生面团里留下的膨胀痕迹。

2. 部分面包店为了速成，不使用酵母菌慢慢发酵，改以在面团中直接加入小苏打粉。当面团经过高温烘烤，产生二氧化碳，也会将有弹性的面团向外"吹"出一个个小气泡，达到外观上相似的效果，它的反应方程式是：

$$2NaHCO_3 \xrightarrow{\Delta} H_2O + CO_2 + Na_2CO_3$$

但这只是外观上相似，吃下去之后感觉会不一样。因为食用的小苏打粉是常见且便宜的添加物，面包师为了松软的口感，常常会过量添加。没有完全反应的小苏打粉进入胃部后，和胃酸进行反应，会快速产生二氧化碳，会让你只吃半个面包也能产生饱腹感。

密码信

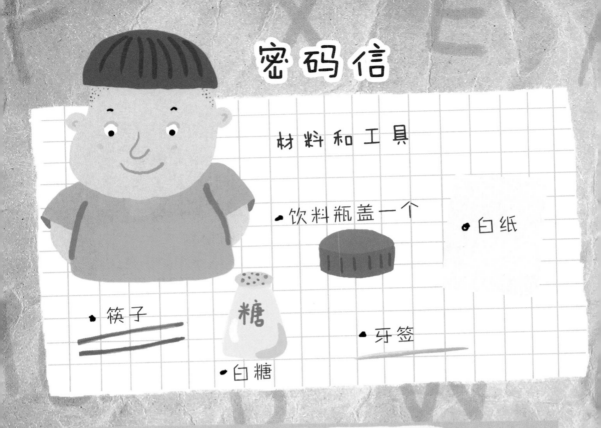

材料和工具

- 饮料瓶盖一个
- 白纸
- 筷子
- 白糖
- 牙签

小贴士

⭐ 饮料瓶盖中的白糖溶液浓一些效果更明显。

⭐ 这6个英文单词依图示分6行书写，可营造出特殊的视觉效果。

⭐ 火焰要用最小火熏烤，以免烤焦或不慎点燃纸张。

⭐ 纸张要距离火焰高一些，若觉得不够热，再慢慢降低高度，同时要小心不要将纸张熏黑。

1️⃣ 请你在饮料瓶盖中加入七成满的自来水，加入一小匙白糖。用筷子小心搅拌，直到白糖完全溶解。

3️⃣ 等字迹完全干燥后，请你小心地将纸张对折四次（或加以揉搓）再摊开。请爸爸猜猜看，白纸上有什么字？

2️⃣ 请你将牙签对半折断，用断裂端蘸糖水在白纸上写下如图6个英文单词：

写完后，静置风干。

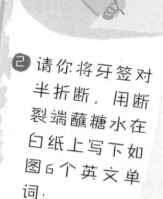

Father
And
Mother
I Love
You !

4️⃣ 请爸爸点着煤气炉，调至最小火焰，拿起这张"密码信"在火焰正上方（距火焰约30厘米处）小心烘烤。爸爸看到孩子写给你的悄悄话了吗？

1 常温下的蔗糖晶体为白色，蔗糖溶液透明无色。透明无色的溶液在白纸上写字，因为纸张上干和湿的位置不同，对可见光的吸收和反射也会有所不同，所以我们可以看见纸张上所书写的字。等纸张自然干燥后，这个差异会变小，纸张上的字体会变得模糊不易见，但还是能够隐约看到。因此，将纸张对折数次（或加以揉搓），可使纸张上增加一些折痕，让字体不易被发现。

2 高温下的蔗糖逐渐产生化学变化，形成焦糖，颜色转变为褐色。焦糖是一大类复杂化合物的统称，随着加热时间和加热温度的不同，我们会看到颜色深浅不一的焦糖。因此，爸爸用炉火小心烘烤这封写着悄悄话的"密码信"，加热时间越久，焦糖褐变的程度越高，字体就越来越清晰。

3 化学物质若在含水与无水、或常温与高温、或不同酸碱度条件下有明显的化学变化，则可用于书写，传递秘密信息。

4 密码信中书写的6个英文字，由上而下的第一个字母组合起来就是：FAMILY。

Father
And
Mother
I
Love
You !

知 识 拓 展

① 焦糖是用饴糖、蔗糖等熬成的黏稠液体或粉末，深褐色，有苦味，主要用于酱油、糖果、醋、啤酒等的着色。焦糖是一种在食品中应用范围十分广泛的天然着色剂，是食品添加剂中的重要一员。

② 固体蔗糖加热至160℃便熔化成为浓稠透明的液体，冷却时又重新结晶。加热时间延长，蔗糖即分解为葡萄糖和脱水果糖。在190～220℃的较高温度下，蔗糖便脱水缩合成为焦糖。焦糖进一步加热则生成二氧化碳、一氧化碳、醋酸及丙酮等产物。在潮湿的条件下，蔗糖于100℃时分解，释出水分，色泽变黑。

香皂清洁溜溜的秘密

材料和工具

- 铁汤匙

- 香皂（或肥皂）

- 透明饮料瓶（600毫升）2个

- 色拉油

小贴士

★ 家中的橄榄油、花生油、猪油、牛油、鸡油等都可以作为色拉油的替代品。

1 请你将半瓶盖色拉油倒在手心，两只手相互搓揉半分钟，在洗碗槽用自来水冲洗。你的双手感觉如何？

2 在手心涂抹香皂，两只手相互搓揉一分钟，你的双手除了有泡沫之外，颜色是否有不一样的地方？

3 将双手在洗碗槽用自来水冲洗，你的双手此时感觉如何？

4 请你用铁汤匙在香皂（或肥皂）表面慢慢刮，刮下约一汤匙香皂粉末备用。

5 请爸爸用两个约600毫升的透明饮料瓶，各装100毫升左右的水，其中一个饮料瓶内倒入一汤匙香皂粉末，另一个饮料瓶内倒入半瓶盖色拉油。分别盖紧瓶盖，用力摇晃一分钟，静置桌上，仔细观察两个瓶子内的现象。

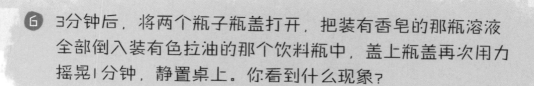

6 3分钟后，将两个瓶子瓶盖打开，把装有香皂的那瓶溶液全部倒入装有色拉油的那个饮料瓶中，盖上瓶盖再次用力摇晃1分钟，静置桌上。你看到什么现象？

1 　香皂、肥皂的主要成分是脂肪酸钠，其分子结构可以分成两部分，一端是带有电荷、具有极性的COO-（即亲水端）；另一端为不带电荷、非极性的碳链（即疏水端或亲油端）。当肥皂分子溶入水中时，它可以破坏水的表面张力，具有极性的亲水端会插入水分子中间，破坏水分子之间的吸引力，从而使水的表面张力降低。

2 　色拉油是从黄豆中提炼出来的植物性脂肪，约有81%的不饱和脂肪酸与16%的饱和脂肪酸。它的分子结构两端都是不带电荷、不具极性的亲油端，因此它和水互不相溶，互相排斥。

3 　当把肥皂溶液倒入油水分层的饮料瓶内，用力摇晃混合，奇迹发生了——油和水竟然你侬我侬，不分你我。这是因为肥皂分子把小油滴包在里面了。肥皂的亲油端和油滴的脂肪酸分子接触，小油滴外层均匀地裹上肥皂分子。肥皂分子的亲水端就**裸露在外**，和水分子接触。如此一来，小油滴就无法和另一个小油滴接触，会均匀分散在水中。这个过程在科学上被称为乳化。

4 　　肥皂和色拉油在乳化过程中，小油滴被均匀拆散，好像一个个小小的水晶球均匀分布在水中，它们会将白光色散至四面八方。我们看着瓶内的混合液体的时候，又有不同方向被色散的光进入我们眼睛，再度混合成白光。因此，我们会感觉瓶内的混合液是乳白色的。

5 　　肥皂可以乳化油脂，当我们双手或衣物沾上油污时，我们可以用肥皂洗手或洗衣，以去除油污。洗洁精、洗发水、洗衣粉、沐浴乳等都具有类似的乳化油脂的功能。

知 识 拓 展

1 肥皂的主要成分为脂肪酸钠，其中最常见的是硬脂酸钠。在肥皂中加入香料和染料，就可以制成香皂；添加杀菌药物，就可以制成药皂。

2 肥皂的制造过程中，用氢氧化钾取代常用的氢氧化钠，就可以制成钾肥皂，它的保水保湿性比钠肥皂更好。因此，氢氧化钾是制造沐浴乳等液态洗涤剂的主要成分。

3 在肥皂发明以前，中国北方人将猪的胰脏捣碎，混入草木灰和猪脂肪，制成所谓的胰子，这就是最早期的肥皂。因为猪的胰脏里含有脂肪酶，可以将脂肪分解成脂肪酸。草木灰的主要成分为碳酸钾，可以用来当作碱剂。二者混合后，会缓慢进行皂化反应从而生成肥皂。

凉快一夏

材料和工具

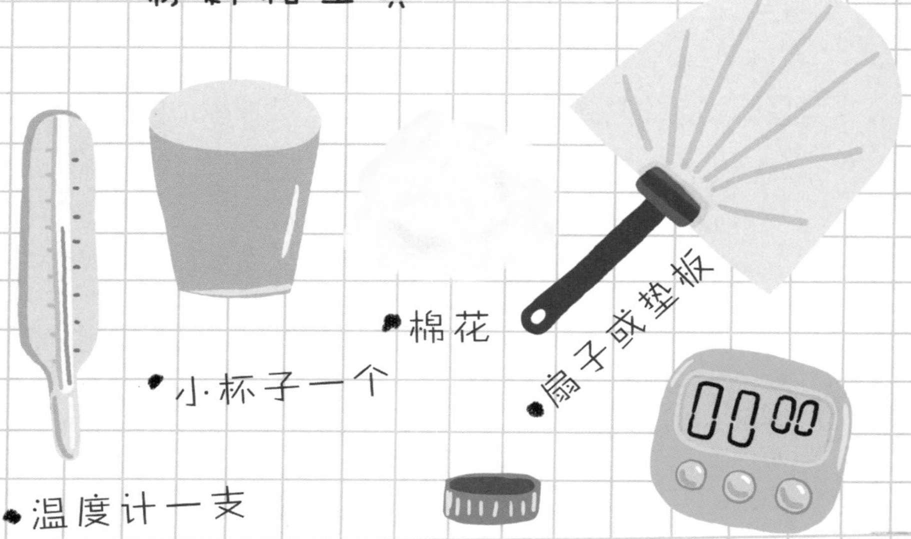

- 棉花
- 小杯子一个
- 扇子或垫板
- 温度计一支
- 饮料瓶盖
- 定时器
- 橡皮筋

小贴士

★ 爸爸如果觉得用手扇风很累，可以改用电风扇吹风。

1 请你用一个小杯子装约50毫升的自来水（约5个饮料瓶盖的水量），放在空气中20分钟。把一小团棉花用橡皮筋绑紧在温度计末端的玻璃泡上，将这支温度计放在空气中5分钟，测出空气的温度。

2 20分钟后，把这支绑有棉花的温度计插入装有50毫升自来水的小杯子中5分钟，测出自来水的温度。

3 请爸爸用时钟（或手表）帮忙计时。计时开始时，请你将温度计提出水面，任其自然滴水。请爸爸每隔1分钟报时一次，你每隔1分钟读取温度一次，记录在下表实验一中，总计5分钟。

实 验 一					
空气温度：　　　℃			水温：　　　℃		
时间(分)	1	2	3	4	5
温度(℃)					

4 实验一结束后，请你把绑有棉花的温度计，插回小水杯中5分钟。5分钟后，测出此时的水温。

5 请爸爸用时钟（或手表）帮忙计时。计时开始时，请你将温度计提出水面，任其自然滴水。爸爸同时用扇子（或垫板）帮忙用力扇风。请你每隔1分钟读取温度一次，记录在实验二中，总计5分钟。

实 验 二					
空气温度： ℃ 水温： ℃					
时间(分)	1	2	3	4	5
温度(℃)					

6 你是否发现了温度计上的温度变化？如果爸爸继续这样扇风，10分钟、1小时、10小时，甚至更久，你觉得温度计末端的棉花最后会不会干掉？

1 沾有水的棉花放在空气中，虽然在短时间内很难看到棉花上的水量有明显减少，但最后这团棉花一定会干掉。

2 水干掉的过程科学上称为汽化，这是由液态水转变为气态水（即水蒸气）的过程。这个过程会从周围环境吸收热量，因此环境温度会下降。也就是说，物质（在这里指棉花上吸附的水）在液态转变为气态的过程中会吸收热量。

3 在实验二中，爸爸用扇子帮忙扇风。我们知道，这时沾水的棉花一定会干得更快，也就是汽化得比较快。物质由液态转变为气态的汽化过程越快，就会吸收越多的热量，也就是说会带走更多的热量，因此温度下降得更多。

4 这两个实验和我们的生活经验也有关系：冬天在浴室洗澡，当身上的衣物全部褪去，我们并不感觉特别冷；但当洗完澡，身上水分也已擦干，若没有立即穿上衣服，就会感觉很冷。这是因为洗澡后，虽然全身都擦干了，但还是会有薄薄的液态水残留在身体表面。这些少量的液态水汽化为气态水的过程会带走我们皮肤表面的热量，因此我们会感觉很冷。

5 夏天天气炎热，我们在洗脸的过程中，空气气温不会有太大的升降，但洗脸后我们会感觉很凉快，这也是因为皮肤表面残留的液态水汽化为气态水的过程会带走皮肤表面的热量，使我们感觉凉快。

6 科学家根据这个原理设计出了干湿球湿度计。它看来是两支一模一样的温度计，怎么用来测湿度呢？将其中一支温度计的玻璃球部分绑上纱布，插入小水瓶中，小水瓶内的水会慢慢干掉（即汽化）。然后把这个干湿球湿度计放在空气中，读取两支温度计的温度差和空气温度（干的那支温度计），查对照表（在干湿球湿度计的两支温度计中间），就可以得知现在的相对湿度。

7 夏天天气很热时，很多人一回到家就立即开冷气，但是如果先准备一盆水，用抹布先把室内可以用水擦拭的地方（如桌面、椅子、地板）擦拭一遍，然后再开冷气，不仅能加快室内降温，而且可以省电，为减缓全球变暖做些贡献。

8 炎炎夏日，汽车停在马路边，太阳晒个半小时就会让人觉得汽车几乎和烤箱一样。此时可以在车上准备一个装水的喷雾罐，坐进烤箱般的车内时，先用喷雾罐对着车内空气喷水雾。水雾接触空气的表面积比水滴大，会干得很快，水雾汽化的过程中会把车内的热量带走，这样车内气温很快就会降下来了。

知 识 拓 展

装满水的喷罐放在车内，在夏天的大马路边有可能被晒得水温上升至50~60℃。不过这种略微高温的水喷出的水雾依然具有冷却效果。因为不管液态水的温度是多少，它在汽化的过程中都会带走热量，而且每克水汽化时带走的热量都是2260焦。

藕断丝连　情意绵延

材料和工具

- 圆珠笔杆
- 荷叶 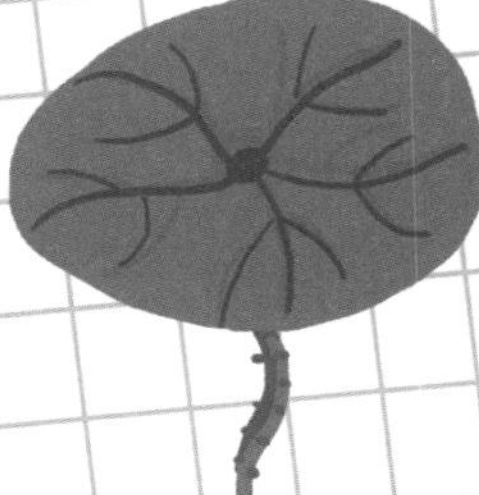

小贴士

★ 摘荷叶时要抓住荷叶叶柄，垂直向上拔取荷叶（含叶柄）。叶柄上有突起小刺，小心不要刮伤皮肤。

★ 刚冒出水面的嫩荷叶的叶柄汁液较多，效果更好。

1 请爸爸带你在荷花池畔摘取一枝荷叶（连同叶柄）。

2 请你握着一支圆珠笔笔杆，请爸爸小心折取一段约2厘米的荷叶叶柄，你看到了什么现象？

3 请爸爸把这些丝状物小心地缠绕在圆珠笔笔杆上。

4 爸爸一次折断一段荷叶柄，但让荷叶柄"藕断丝连"，请你先帮忙拿着。然后，爸爸将5～10段荷叶柄握成一把，一边扭转，一边抽丝拉长，将这些抽出的丝扭转合并成一小束线，这条线越长越好。

5 请你用力拉扯爸爸制成的线，是否感觉它还挺坚韧的？你能联想到这条线有什么用途吗？

科 学 解 密

1 　植物进行光合作用，主要产物是氧气和葡萄糖。氧气会释放到空气中，供各种生物进行呼吸作用；而葡萄糖则留存在植物体内另有用途。其中一种用途就是以葡萄糖为原料，将葡萄糖分子一个一个地串接起来，制成植物纤维。植物纤维是构成细胞壁的主要物质。植物细胞壁的主要成分是纤维素、半纤维素、木质素等高分子聚合物。

2 　　纤维素是β-葡萄糖的聚合物，包括约5000个β-葡萄糖单体。植物细胞壁中纤维素的含量会因细胞发育过程中的不同阶段和植物种类的差别而有很大变化。纤维素燃烧时，只生成二氧化碳和水，无异味。人类使用的植物纤维主要有棉和麻两类。

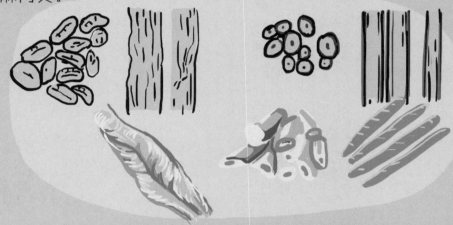

3 　　半纤维素是由两种或两种以上单糖基组成的不均一聚糖，是纯碳水化合物，也称为非纤维素碳水化合物。各种植物纤维原料的半纤维素含量、组成结构均不相同。半纤维素具有较高的黏性。半纤维素的构成分子次单元也是葡萄糖，一般由150~200个分子葡萄糖聚合而成，分子链短，且大多有短的侧链。

4 　　木质素不是单一的物质。它存在于细胞之间作为黏结物质，使纤维相互黏合而固结，使细胞不易分离。木质素的相对分子量为400~5000。韧皮纤维中木质素含量越高，则纤维越粗硬。草本植物中的木质素与木材的木质素也有所不同。

5　植物纤维具有多种不同的特征，其形态和组织结构均随着植物的生长成熟而发生明显改变。到了植物的成熟期，植物纤维已经木质化，此时植物纤维不溶于水，也不能被人类的消化酶分解，称为粗纤维。例如开花期的丝瓜含有丰富的可消化纤维，但老熟期的丝瓜则含有大量粗纤维，无法被人体消化吸收。

6　荷叶叶柄被断裂破坏，细胞壁内长链的纤维素分子彼此互相缠绕吸附形成纤维。荷花属于草本植物，纤维素平均聚合度比木本植物低一些，因此纤维强度较弱。纤维一抽出，遇到空气，干燥可提高分子间氢键的作用力，使得纤维强度增强，转变为类似麻绳的纤维丝。

知　识　拓　展

　　东南亚国家缅甸的茵莱湖生长有许多荷花，当地居民发现可以将荷叶叶柄抽丝取纤维织布。当地人的做法是：每次取3~5枝荷叶叶柄，切断，拉出细丝，一边扭转一边继续慢慢拉长，这样细丝就可以缠绕在一起，成为一条较粗的纤维，方便纺纱。这些抽取出的纤维丝须在24小时内进行纺纱，以保持纤维的质量。织成的布料看似亚麻和生丝的混纺布，未染色前是米黄色的，摸起来感觉很薄、很轻、很柔软，穿着时也很保暖。但制作莲丝织布非常费时耗工，一米长的荷叶纤维布须35000条荷叶叶柄才能制成，而且需要全手工编织。每年采集荷叶的时间仅限5月至12月。

好吃的美乃滋

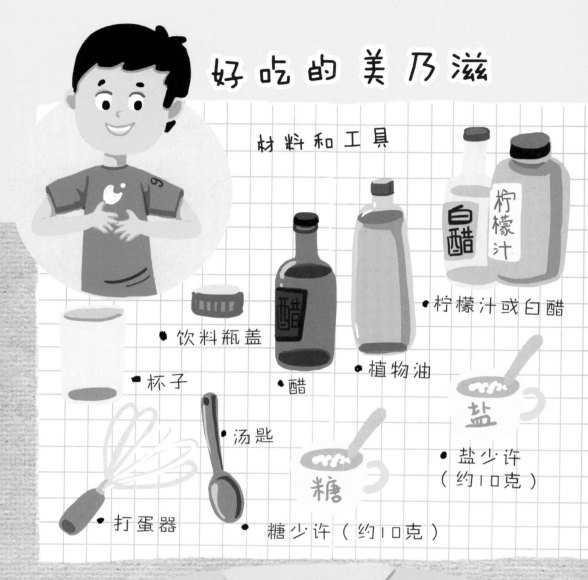

材料和工具

- 柠檬汁或白醋
- 植物油
- 饮料瓶盖
- 醋
- 杯子
- 汤匙
- 盐少许（约10克）
- 打蛋器
- 糖少许（约10克）

小贴士

⭐ 植物油皆可以制作美乃滋，如色拉油、橄榄油、葡萄籽油、葵花籽油。

⭐ 植物油一定要少量多次添加，确定已无肉眼可见的液体油的时候，才可再添加。

1 请你准备两个杯子，各装半杯水。在第一个杯子中加半饮料瓶盖的醋，在第二个杯子中加半饮料瓶盖的植物油。你看到两个杯子有什么不同吗？

2 请爸爸将一颗鸡蛋的蛋黄和蛋白分开，将蛋黄放入金属锅中，加入一匙白糖和一匙盐。

3 请你用打蛋器不断地把锅中的蛋黄、盐和糖打得均匀，直到锅内物体呈米白色黏稠状。

4 请爸爸帮忙往锅里加植物油，你用打蛋器将植物油打到锅里的黏稠物中。

5 加入一匙柠檬汁或白醋，混合均匀即完成。

科 学 解 密

1 水中加入食醋，二者不用搅拌就可以混合均匀，但植物油加入水中却会浮在水面上。这是因为水分子的构造有些像弯曲的回力镖，水分子在中间弯曲处带负电，两个尖端带正电。也就是说，水分子是有极性的。但油的分子却是两端都不带电荷的无极性分子。

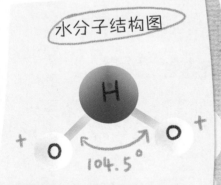

水分子结构图

H

+ O   O +

104.5°

2 醋的分子在水中会立即被拆解成带电荷的正离子和负离子，因此它可以迅速溶在带有正电与负电的水分子之间。但油分子没有极性，因此无法在水分子之间分散、溶解，只能互相聚在一起，形成油滴。

3 油分子如果想和水分子"卿卿我我""你侬我侬"，需要表面活性剂来帮忙。蛋黄此时担任的就是表面活性剂的角色。

4 蛋黄的成分中除了水之外，主要还有卵磷脂。卵磷脂的一端有极性，可以和水结合，我们称它具有亲水性；另一端没有极性，可以和油结合，我们称它具有亲油性。锅内的蛋黄缓缓加入油后，二者不断混合，就可以将油和蛋黄混合均匀了。蛋黄中加入醋，也可以混合均匀。因为有了蛋黄的帮忙，色拉油和水溶性的醋就可以"你侬我侬"了。

① 表面活性剂也叫乳化剂，可使两种液体间或固体和液体间的表面张力下降，让两者互溶。一般而言，表面活性剂的分子结构一端为亲水端，另一端为亲油端。

② 卵磷脂是存在于动植物组织（特别是卵黄）的黄褐色油性物质的统称，是一种混合物。它的构成成分中包括磷酸、胆碱、脂肪酸、磷脂等。

③ 1844年，法国药理化学家戈布莱从蛋黄中萃取出卵磷脂，卵磷脂因此得名。但卵磷脂并不是只存在于蛋黄中，它只是最早从蛋黄中分离萃取出来并命名而已。蛋黄中卵磷脂含量很高，大豆和向日葵种子中的卵磷脂含量也很高。

④ 因为卵磷脂的分子结构一端是具电荷的亲水端，另一端是不具电荷的亲油端（或称疏水端），所以卵磷脂是非常好的天然食用级表面活性剂。它可以将油分子慢慢地混合进蛋黄中，也可以将不溶于油的醋或水慢慢地混合进蛋黄中。

瓶盖汉堡电池

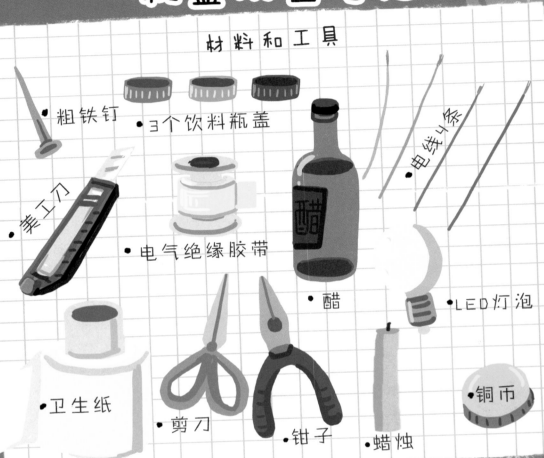

材料和工具

- 粗铁钉
- 3个饮料瓶盖
- 美工刀
- 电气绝缘胶带
- 醋
- 电线4条
- LED灯泡
- 卫生纸
- 剪刀
- 钳子
- 蜡烛
- 铜币

小贴士

★ 装置妥当后，在暗室观察LED灯，效果比较明显。

❶ 请爸爸用钳子夹住粗铁钉，在蜡烛火焰上加热。加热1分钟后，用炙热的铁钉将三个饮料瓶盖中心熔出一个孔。如下图。

② 请你将四条长约8厘米的电线两端在约1.5厘米处用美工刀环割一圈，将末端表面的橡胶剥除，露出里面的铜线部分。

③ 将三条电线末端的铜线分别由外穿入饮料瓶盖的孔中，将铜线压平在瓶盖内侧，瓶盖外侧的电线部分用绝缘胶带贴住、固定，防止电线松脱。如右图。

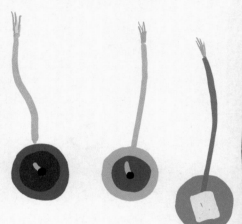

④ 请你将卫生纸和铝箔分别折成宽2厘米的长条，并剪出长约4厘米的条状物各6条。将2厘米×4厘米的铝箔和卫生纸都折成三折备用。

⑤ 在杯子内加50毫升醋，放入6个铜币，反应半小时。半小时后，将折好的卫生纸沾满醋液，放在桌上备用。

⑥ 请你在每个饮料瓶盖内依次放入铜币两枚、沾醋的卫生纸和对折的铝箔各两条。

⑦ 请爸爸分别将三个瓶盖底部电线的一端连接到另一个瓶盖上方的铝箔，用绝缘胶带贴住，以防松脱，制作出一组瓶盖汉堡电池。如下图。

⑧ 将瓶盖汉堡电池上方和铝箔连接的电线当作负极，连上LED灯泡的负极（较短的那一极）；将下方和铜币连接的电线当作正极，连上LED灯泡的正极（较长的那一极）。你看到什么现象？

科 学 解 密

1 将两个不同的金属放在电解液中，它们就会因为先天存在电位差（即电压）而发生化学反应，从而形成电流，这个装置就可以算是电池。

2 铜和铝是生活中非常常见的金属。在铜和铝两种金属间用容易导电的溶液充当电解质，这两种金属就会因电位差而产生电流。

3 铝箔上的铝碰到醋中的酸会缓慢变成铝离子（Al^{3+}）并释放出电子。铝箔这端的电极即为负极。

4 醋液中有少量铜离子（Cu²⁺），铜离子会游向铜币，接受电子并还原成铜。铜币这端的电极即为正极。

5 整个瓶盖汉堡电池接上LED灯泡，就形成了一个封闭完整的电路。电子流经LED灯泡使之发光，电子再流向正极，如此一直循环到整个电池因电阻过大，铝离子在醋液制成的电解液中不易移动，电池才失去效用。

知 识 拓 展

1 18世纪末，意大利医生伽尔瓦尼在解剖青蛙时，发现以黄铜制的解剖刀触碰铁盘内的青蛙时，死亡的青蛙会产生抽搐。此现象引起意大利物理学家伏打的兴趣，他据此发明了第一个电池，这个电池被称为伏打电池。

2 1799年，伏打以含食盐水的湿布夹在银和锌的圆形板中间，以银-含食盐湿布-锌为一个单位，许多单位堆积成了一个圆柱。此即为伏打电池。

3 所谓的电池就是利用化学作用，使两个物质之间产生电位差（即电压）的装置。

图书在版编目 (C I P) 数据

和爸爸玩科学 / 华顺发著 .—上海：少年儿童出版社，2021.5
ISBN 978-7-5589-0838-5

Ⅰ . ①和… Ⅱ . ①华… Ⅲ . ①科学实验—少儿读物Ⅳ .
① N33-49
中国版本图书馆 CIP 数据核字（2021）第 060430 号

和爸爸玩科学

华顺发 著

姚恒慧 图

苏 海 封面图

责任编辑 王浩浩 沈 岩 美术编辑 陈艳萍
责任校对 沈丽蓉 技术编辑 谢立凡

出版发行 少年儿童出版社
地址 上海延安西路 1538 号 邮编 200052
易文网 www.ewen.co 少儿网 www.jcph.com
电子邮件 postmaster@jcph.com

印刷 上海丽佳制版印刷有限公司
开本 720×980 1/16 印张 6.75
2021 年 5 月第 1 版第 1 次印刷
ISBN 978-7-5589-0838-5 / N·1159
定价 32.00 元